水环境与水生态科普丛书

丛书主编　曲久辉

你了解饮用水吗

曲久辉　主编

中国建筑工业出版社

图书在版编目（CIP）数据

你了解饮用水吗 / 曲久辉主编．—北京：中国建筑工业出版社，2024.5

（水环境与水生态科普丛书）

ISBN 978-7-112-29792-4

Ⅰ. ①你… Ⅱ. ①曲… Ⅲ. ①饮用水—水源保护—普及读物 Ⅳ. ①X52-49

中国国家版本馆CIP数据核字（2024）第084174号

《你了解饮用水吗》是一本科普读物，全书共有5部分内容，包括：我们为什么要饮水？饮用水从哪里来？安全的饮用水能自来吗？饮用水如何到我家？让水循环起来吧！

本书通过小龙老师和记者的对话，不仅科普了饮水的重要性，饮用水水源、输水过程的安全性，还解答了饮用水是否安全的疑问，可以减少人们对饮用水安全的误解。适合中小学生以及对水环境与生态感兴趣的读者阅读。

责任编辑：张伯熙　石枫华

文字编辑：沈文帅

书籍设计：锋尚设计

责任校对：姜小莲

插图绘制：重庆阿尔几比动漫设计有限公司

水环境与水生态科普丛书

丛书主编　曲久辉

你了解饮用水吗

曲久辉　主编

*

中国建筑工业出版社出版、发行（北京海淀三里河路9号）

各地新华书店、建筑书店经销

北京锋尚制版有限公司制版

北京富诚彩色印刷有限公司印刷

*

开本：889毫米×1194毫米　1/20　印张：3⅗　字数：55千字

2024年5月第一版　2024年5月第一次印刷

定价：**40.00**元

ISBN 978-7-112-29792-4

（42922）

本书编委会

主　编

曲久辉

副主编

邵益生　周丹丹　胡承志　范文宏

编　委

付　亮　张　唯　王　颖　赖　波

组织编写单位

中关村汉德环境观察研究所

中国城市科学研究会水环境与水生态分会

前言

当我们打开自来水龙头用水时，当我们畅饮清洁安全的饮用水时，朋友们，你们可曾想过它们是从哪里来的呢？

水是大自然的产物，也是人类的生命之源。我们每天使用和饮用的水，经历了从水源到水龙头这一路复杂而漫长的旅行。在这个过程中，输送、处理、供水等各个环节的水质保障都至关重要。其中，水源保护是饮用水安全供给之本。环境污染会导致水源水质下降，进而威胁饮用水安全，因此，保护和修复水源区域的水环境、水生态，成为饮用水保障的首要任务。

各地建设的净水厂是保障饮用水安全的中枢，这里有充分展示人类智慧的现代水处理流程。比如去除水中的混浊物，要使用铝、铁等药剂进行混凝处理；去除水中微量有机毒害物质，要采用臭氧和活性炭吸附等处理技术；去除水中的细菌、大肠杆菌等有害微生物，要使用氯、紫外线、臭氧等消毒技术。经过净化的水，达到现行国家标准《生活饮用水卫生标准》GB 5749的要求后，通过供水管网输送到千家万户，而在输送的过程中，水质也可能受到管网状况的影响，因此也必须对管网及二次供水设施等进行精心的维护和管理。

我们用到的自来水，并非“自来”，而是“来之不易”。出版这本小小的科普读物，就是希望大家特别是小朋友们，能够更多地了解饮用水背后的故事，帮助您学习饮用水的科学常识，形成爱水节水的意识，参与到饮用水安全保障的共同事业中来。

目录

我们为什么要饮水？

小龙老师，听说人每天要足量饮水，什么样的水是生活饮用水呀？

我们国家对生活饮用水的水质提出如下要求：水中不应含有病原微生物、水中化学物质不应危害人体健康、水中放射性物质不应危害人体健康、水的感官性状良好、水应经消毒处理。

低身体活动水平成年人每天至少饮水1500~1700ml《中国居民膳食指南（2022）》

小龙老师，对于不同的人，每天饮用多少水才合适呢？

人们的年龄、性别、体重指数、活动水平、饮食、气候和其他因素，都会影响人体对水的实际需求量。除了喝水，正常的饮食也是人体补充水分的重要途径。根据世界卫生组织（WHO）报告，成年女性需水量是2.2L/d，成年男性需水量是2.9L/d，儿童需水量是1.0L/d，成年人高温重体力劳动需水量增加至4.5L/d，女性在怀孕和哺乳期需水量也有明显增加。

我要多喝水，补充水分！

我们也可以补充水分！

小龙老师，为什么我们离不开饮水呢？
饮水对我们身体至关重要。人体60%以上的重量是水，它参与了几乎所有的生物化学反应，包括新陈代谢、营养物质的运输和细胞结构的维持。
记者
小龙老师

小龙老师，能举几个例子吗？水究竟是怎样参与生命活动过程的呢？

当然可以！人体中的水参与排汗调节体温，血液中的水帮助运输营养物质，消化系统中的水帮助分解食物，尿液中的水帮助排除体内的废物和毒素。

古人将水煮沸以消灭细菌和病毒，巧妙地运用沙石和芦苇等天然材料过滤水中的杂质，还发明了利用明矾吸附并沉淀水中杂质的方法，让水变得清澈安全。

古人的办法真巧妙啊！小龙老师，什么样的饮用水符合人体的需求呢？

理论上说，只要符合国家生活饮用水卫生标准的水，都是适合人们饮用的水。水中还含有对人体有益的微量元素，如钙、镁、铜、硒、氟、钠、钾等。

水中这些微量元素是从哪里来的呢？
在地层深处循环形成未受污染的矿泉水、暴露在地表或在地表浅层中流动的山泉水，经山体和植被层层滤净的同时，也溶入了对人体有益的矿物质成分。

超市里出售的矿物质水与矿泉水是一种水吗？
矿物质水，矿泉水是两种不同的水！矿泉水是天然的水，而矿物质水是非天然的水。
人体所需矿物质
水源符合国家标准
高科技设备
严格品质控制
经过多道滤净程序

小龙老师，饮用纯净水是不是更有利于人体健康呢？
纯净水是通过蒸发等方式去除水中杂质获得的，它几乎不含有机物、无机盐、细菌等各种杂质。
但是，对于人体而言，长期饮用纯净水并非必要。
我没有任何杂质！
我也是！
我是纯净水！
我被蒸发过！

小龙老师，自来水是常见的饮用水，自来水是“自来”的吗？

不是“自来的”。城镇化的快速发展使得人口集中在城市，为满足人们用水需求进行集中供水，市政部门建立自来水厂，水经过处理达到国家标准后，通过输水管网送到千家万户，形成自来水。

小龙老师，自来水是否与矿泉水一样对人体健康有益呢？

自来水在处理过程中保留了天然水源中的一些矿物质和微量元素。世界卫生组织（WHO）的相关报告中指出，水中的一些微量元素，如钙、镁、铜、硒、氟、钠、钾对人体的健康有益。

谢谢小龙老师，我知道为什么水是生命之源了！
记者
是啊，水在人类历史中有重要地位，像湛蓝的爱琴海孕育了古希腊文明，黄河孕育了华夏文明。水滋润万物而不与万物相争，给予生命以无私的滋养。正如老子所言“上善若水”“水善利万物而不争”。

饮用水从哪里来？

水的分布：

海洋水97.2%

冰川、冰盖水1.8%

地下水0.9%

江河湖泊中的水0.02%

大气中的水蒸气0.001%

其他0.079%

小龙老师，饮用水是从哪里来的呢？

饮用水水源可多啦，主要包括河流、湖泊、水库、海洋、冰川、地下水等。

除了刚刚提到的常规水源，还有一些非常规水源，对此，我国古代有很多轶闻趣事。

我国古代有人喜欢喝雨水，比如苏轼，他说，“时雨降，多置器广庭中，所得甘滑不可名，以泼茶煮药”。

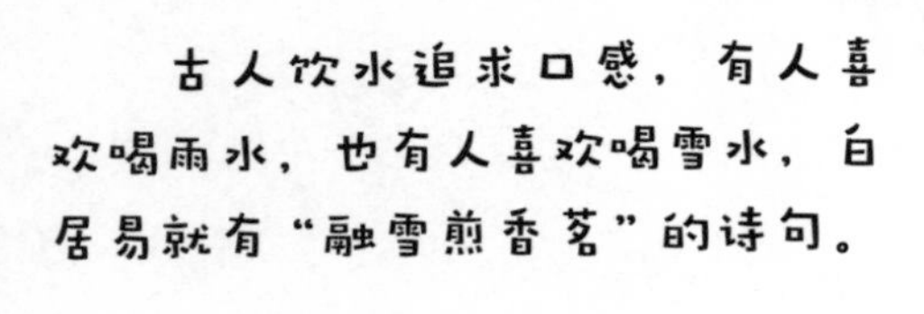

古人饮水追求口感，有人喜欢喝雨水，也有人喜欢喝雪水，白居易就有“融雪煎香茗”的诗句。

小龙老师，我们的饮用水主要从哪里来呢？
湖泊
河流
海洋
地下水
常见的饮用水主要来源于地下水和地表水。
小龙老师

哇！好高！
地下水中比较常见的是泉水，它是在山区流动时遇岩石阻挡涌出地面的水，根据温度分为冷泉和热泉。
冷泉
热泉
小龙老师

井水也是常见的地下水，是通过人工开凿获取的。水井主要包括潜水井、自流井、承压井。

这些井水会越取越少，直到干涸吗？

在合理取用范围内是不会的，井水可以通过大气降水和部分河水得到补给。

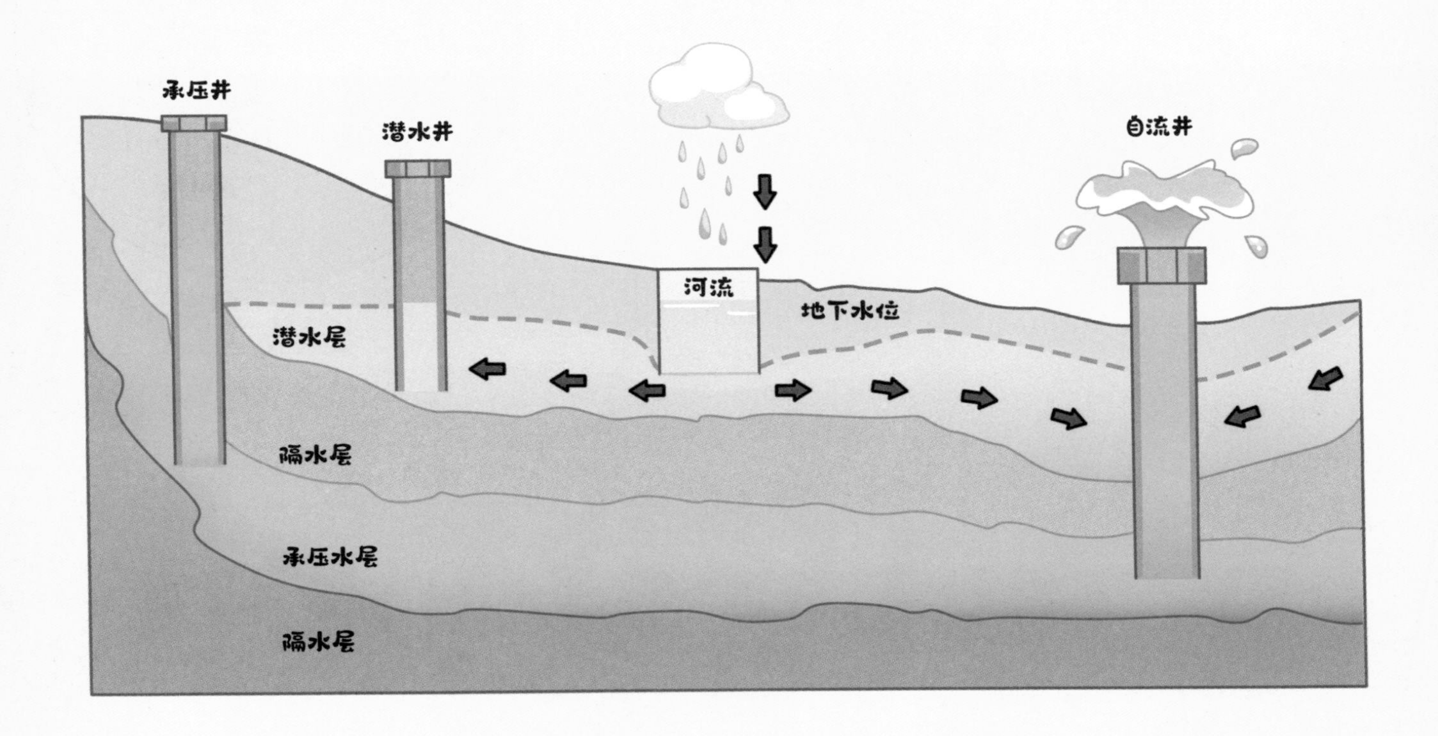

小龙老师，我好担心干旱地区没有水源呀！

别担心，干旱地区人民创造了解决用水问题的方法。比如，在我国新疆吐鲁番，劳动人民创造坎儿井，它沿地势由高向低引水，使地下水提前露出地表，体现了劳动人民的智慧。

竖井
坎儿井
明渠
涝坝
暗渠
含水层
不透水层

小龙老师，我现在对地下水有了了解，那地表水又有哪些呢？

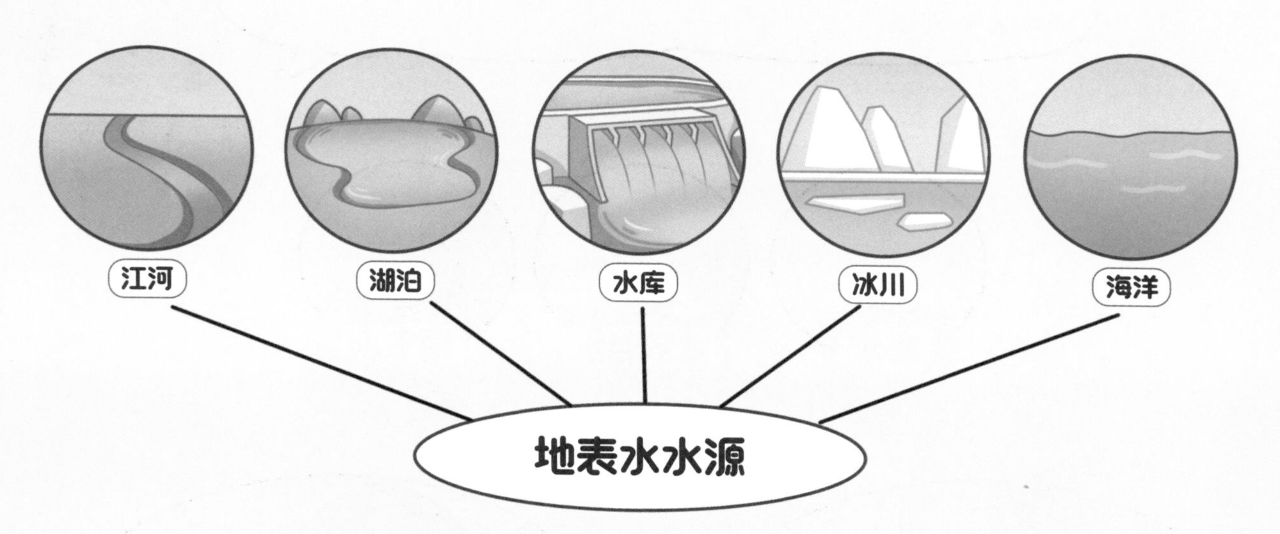

地表水包括陆地表面上的动态水和静态水，地表水水源包括江河、湖泊、水库、冰川、海洋等。

小龙老师，我们的地表水是怎么形成的呢？

江河、湖泊的水主要由降水、地下水和冰雪融水补给。河水水源的代表如我们的母亲河——黄河，湖泊水源的代表如太湖。

降水

冰雪融水

地下水

汇入

河

湖

密云水库
青草沙水库
小龙老师，那天然的地表水足够城市居民的日常饮水吗？
为了保障城市获得稳定饮用水，我国已建造9.8万多座水库。
水库是在水流地势较低处建坝形成的人工湖泊。水库的水主要来自地表径流和降水，北京的密云水库、上海的青草沙水库都是代表性水库。
记者
小龙老师

老弟你身体素质不行啊。
走不动了，歇会儿。
前进！
除了水库，还有一些非常规的地表水可以作为水源。例如，冰川水是由大气固体降水经多年积累而成，占全球总淡水资源的近70%，但开采冰川水极其艰难。

小龙老师，那海水可以作为饮用水吗？
不可以，虽然海洋是地球上最大的水源，但是海水含盐量高，不利于直接饮用，需要经过复杂的处理工艺去除海水中的盐分和杂质，才能得到干净、安全的饮用水。
记者
小龙老师

我国按照现行国家标准《地表水环境质量标准》《地下水质量标准》，将水体质量分为Ⅴ类。

从水域功能和标准分类来看，达到Ⅲ类以上的地表水、地下水是可以作为生活饮用水水源的。另外，经适当处理后的Ⅳ类地下水也可以作为生活饮用水水源的。

小龙老师，我们应该怎么保护饮用水水源地呢？
饮用水水源保护区
SOURCE WATER PROTECTION AREA
饮用水水源
一级保护区
监督管理电话：12369
保护饮用水水源
可以下去游泳吗？
不可以！
准保护区
二级保护区
一级保护区
小龙老师
水源地的保护分为多个方面，包括立法、建立保护区域、建立完善的水质监测体系、评估水质状况等。对我们来说，要学会护水知识，带动全社会共同参与到水源地保护的工作中来！

安全的饮用水能自来吗？

安全的饮用水能自来吗？
净水厂
抽水
混凝
沉淀
过滤
消毒
原水
配水泵
安全的饮用水并非自来，需要经过一系列处理后达到国家规定的生活饮用水卫生标准才能进入千家万户。
我达到国家标准啦！

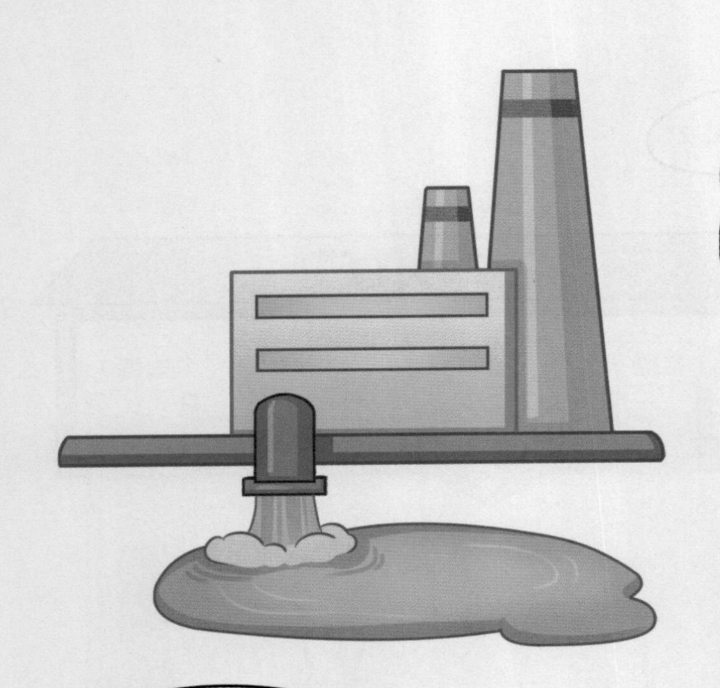

由于工业废水、农药化肥、生活污水等都可能对水源造成污染，我们往往会采取保护水源地、研发污水处理技术、规范管网管理和维护等多方面、多途径的措施，保障饮用水安全。

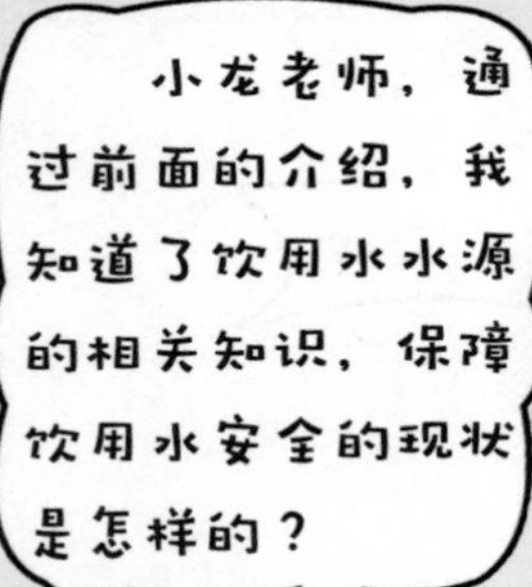

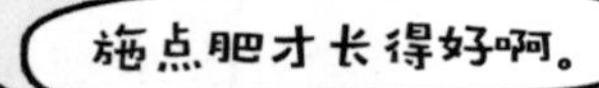

小龙老师，水中会有哪些污染物呢？
总体来讲，水中常见的污染物有病原微生物、颗粒物、有害离子、有机污染物等。
水中常见的污染物
记者
小龙老师

水中的病原微生物有哪些呢？
记者
水中的病原微生物主要来源于人类和动物的粪便，包括病原菌、病毒和原生动物等。
小龙老师

小龙老师，我好担心生活饮用水中也有这些病原微生物啊？

我比你干净多啦！

不要担心，现行国家标准《生活饮用水卫生标准》
GB 5749规定，生活饮用水中不应含有病原微生物。

为了避免自来水在输配过程中发生生物污染，我们还会在自来水中保持一定量的余氯。
自来水厂
我明白了，自来水会有一些消毒剂的味道，原来是为了保障自来水在输配过程中的品质啊！
记者

水源中难免会有一些颗粒物和藻类的存在，怎么办啊？

不用担心，我国古代著作《天工开物》记载了采用明矾去除水中悬浮杂质的技术，“明矾净水”技术在我国已有数百年的历史了。

明矾通过电离水解，产生胶体物质，裹挟、吸附水中的杂质并快速沉降，从而使水变得清澈，实现净水目的。

现代净水厂采用一种叫混凝的技术去除浊度。投加一定的混凝剂，使水中胶体粒子和微小悬浮物聚集沉淀。常用的混凝剂有聚合氯化铝、聚合氯化铁等。
污染物
混凝剂
污染物
污染物

对了，小龙老师，听说水中还可能含有重金属和内分泌干扰物，会不会对人体健康造成很大危害？

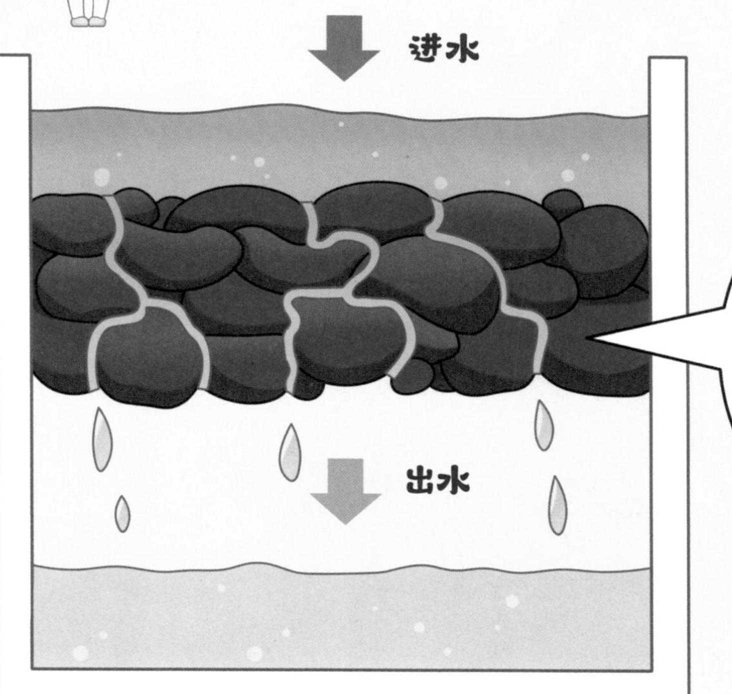

不要太担心哦，水处理时会通过过滤吸附的方法去除这些污染物，常见的吸附材料有活性炭、石英砂等。

小龙老师，饮用水有这么多污染物，我们有没有办法去除它们呢？
深度处理工艺
臭氧-活性炭技术
膜分离技术
生物活性炭技术
过滤
混凝
消毒
沉淀
常规处理工艺
污染物
记者
小龙老师
我们还有成熟的深度处理技术来保障饮用水安全，比如：臭氧-活性炭技术、膜分离技术等。

我很好奇，臭氧氧化这种水处理技术是怎么去除水中污染物的呢？

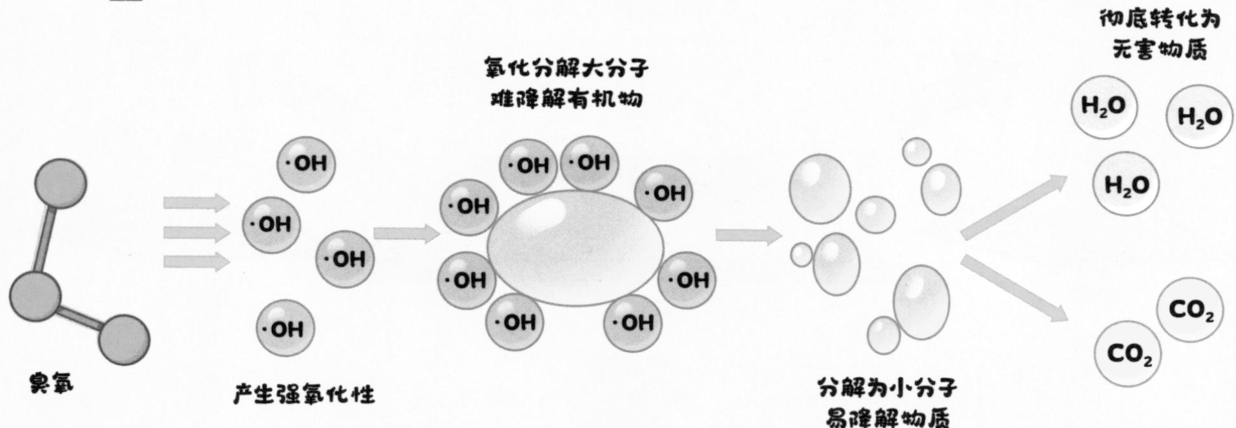

臭氧能够产生强氧化能力的自由基，迅速氧化水中有机物，同时杀灭水中的病毒和细菌。

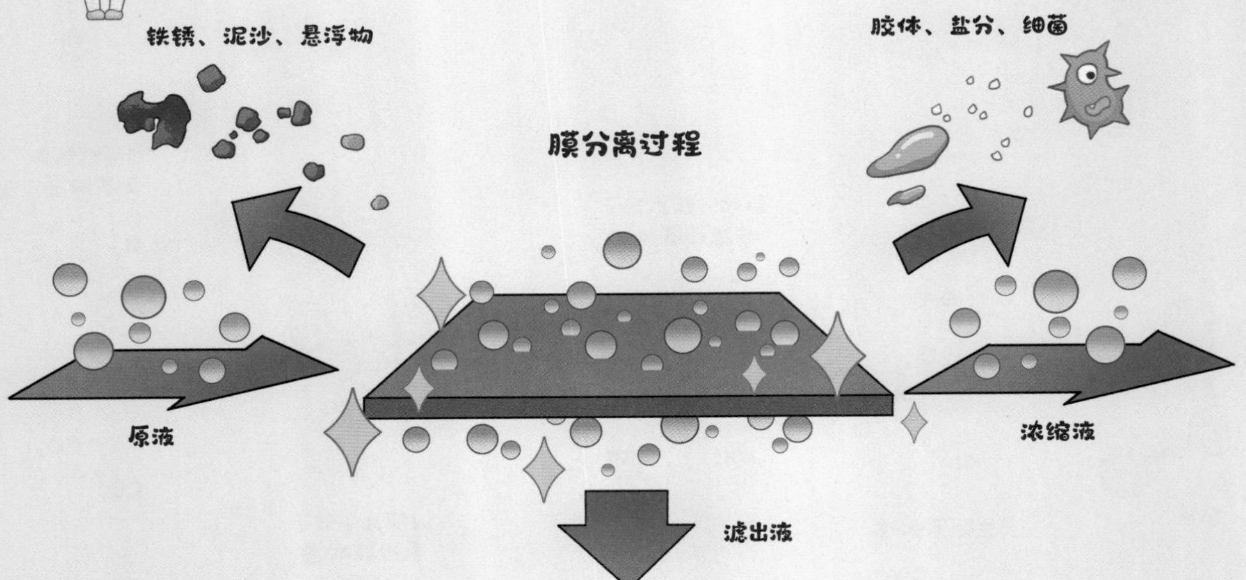

膜法是利用膜的特殊结构和性能，利用驱动力使水透过膜从而与污染物分离的技术。

随着膜孔径减小，操作压力逐渐增大，去除的污染物类别也不同。膜分离水处理技术可分为微滤（MF）、超滤（UF）、纳滤（NF）、反渗透（RO）。

听说自来水用氯消毒会产生一些有害物质，是真的吗？

世界上大多数的水厂采用氯消毒的方式，氯消毒可能会产生消毒副产物，但是可以通过技术手段控制消毒副产物的生成。

我们也可以采用臭氧消毒、紫外线消毒等其他消毒方式解决这个问题。

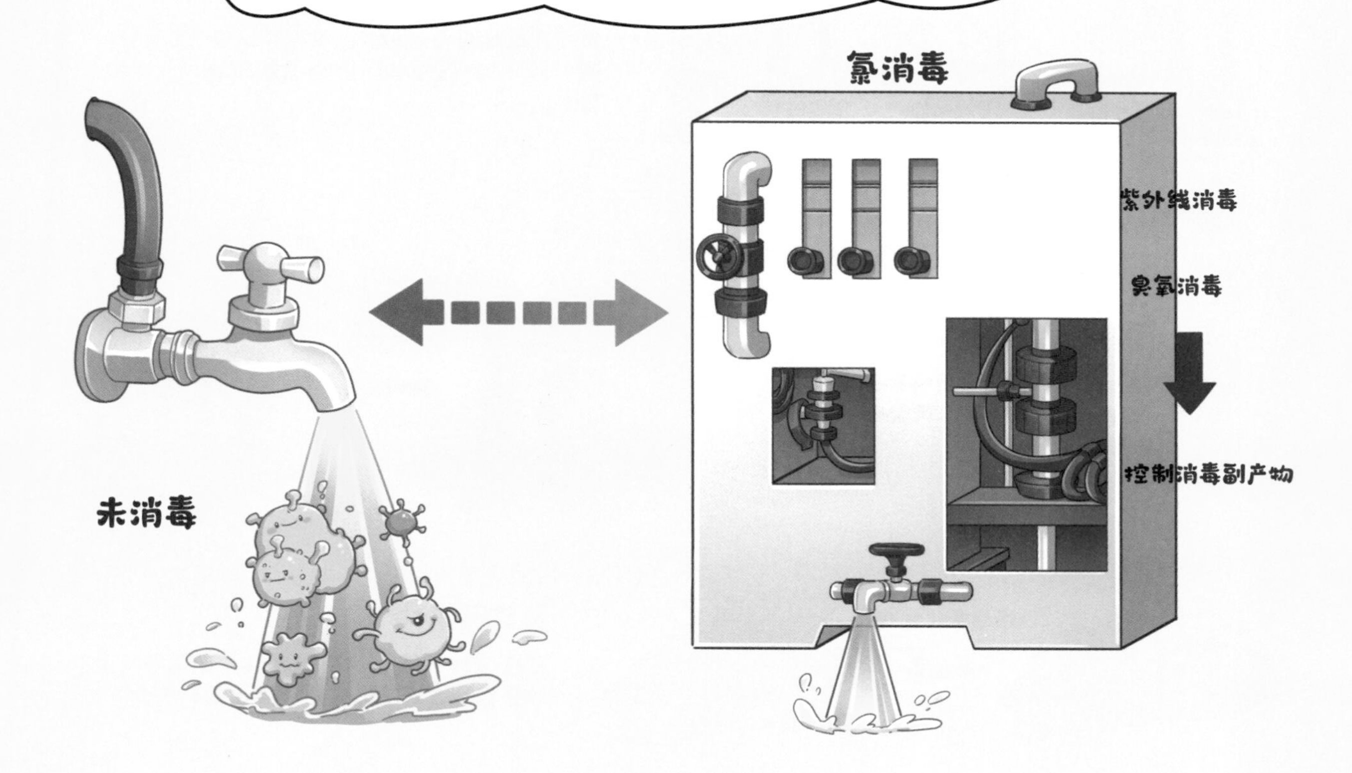

如果遇到自然灾害、人为事故等紧急情况，我们还能获得安全的饮用水吗？

遇到紧急情况时，我们就会采用应急处理技术。常见的应急处理对象包括有机污染物、藻类污染物和重金属污染物。

按去除对象来说，应急处理主要分为三类：

有机污染物

为提升活性炭吸附效果，可以延长吸附时间，确保更多的污染物被活性炭固定。

重金属污染物

强化混凝改变水质条件和形成混凝絮体，实现对重金属污染物的有效去除。

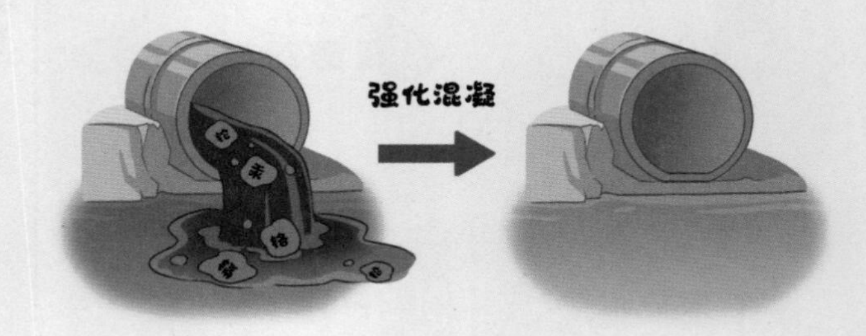

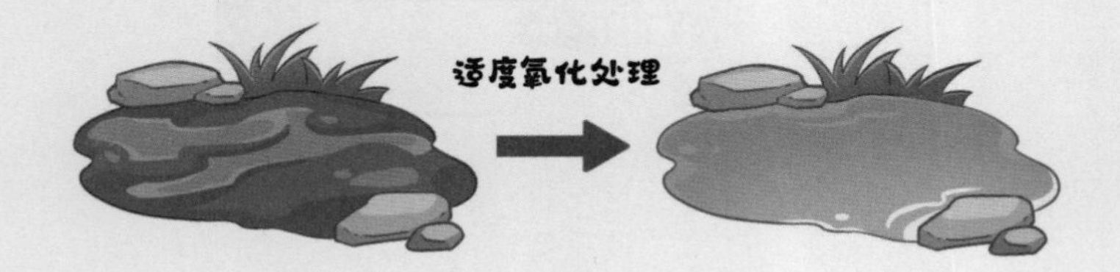

藻类污染物

高锰酸钾的氧化作用使得水中的藻类污染物更容易被沉降去除，保障水源的安全。

小龙老师，紧急情况下怎样快速知道水中有哪些污染物呢？

移动水质检测技术与装备

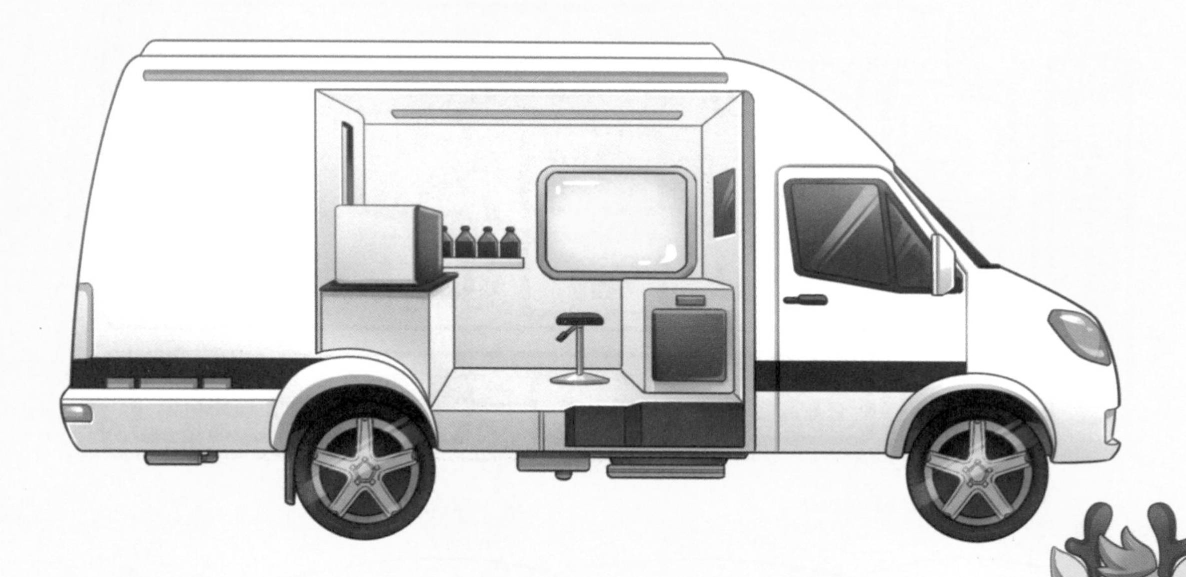

通过“未知项目筛查+已知定量检测”车载移动实验室，可以快速、准确、全面地监测水质。

遇到紧急情况，怎样做才能最大程度保障应急供水呢？

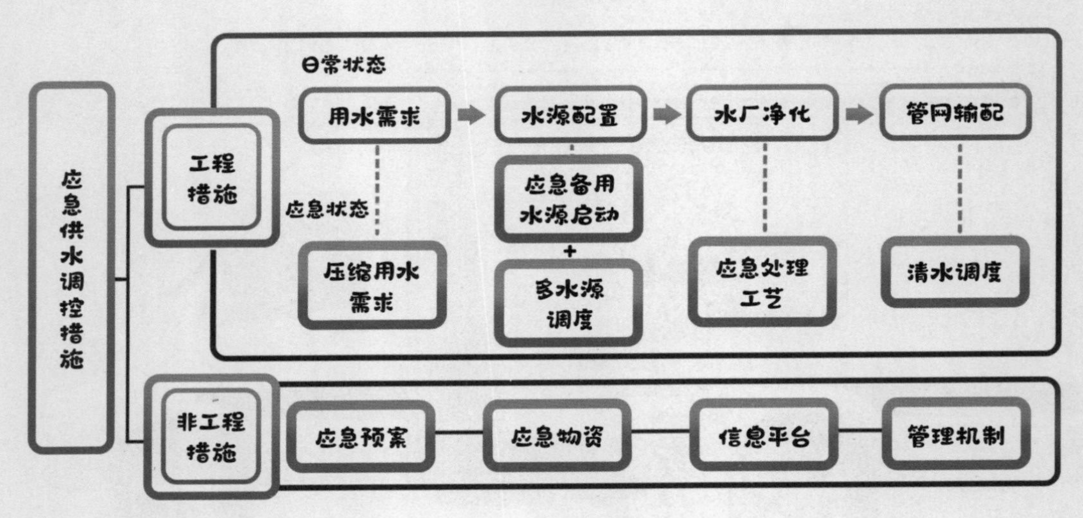
应急监测网
应急供水调控措施
工程措施
日常状态
用水需求
水源配置
水厂净化
管网输配
应急状态
压缩用水需求
应急备用水源启动
+
多水源调度
应急处理工艺
清水调度
非工程措施
应急预案
应急物资
信息平台
管理机制

目前我国已具备较完善的供水应急救援体系及运行机制，在紧急情况下启动应急预案。
采用压缩用水需求、多水源调度、应急处理工艺等多项措施，保障应急供水需求。

小龙老师，总体上说，我们该如何保障饮用水安全呢？

饮用水安全是关系人民群众健康的重要问题，我国政府高度重视饮用水安全问题，从法律保障、水源地管理、供水设施优化等方面，构建了饮用水安全保障体系。

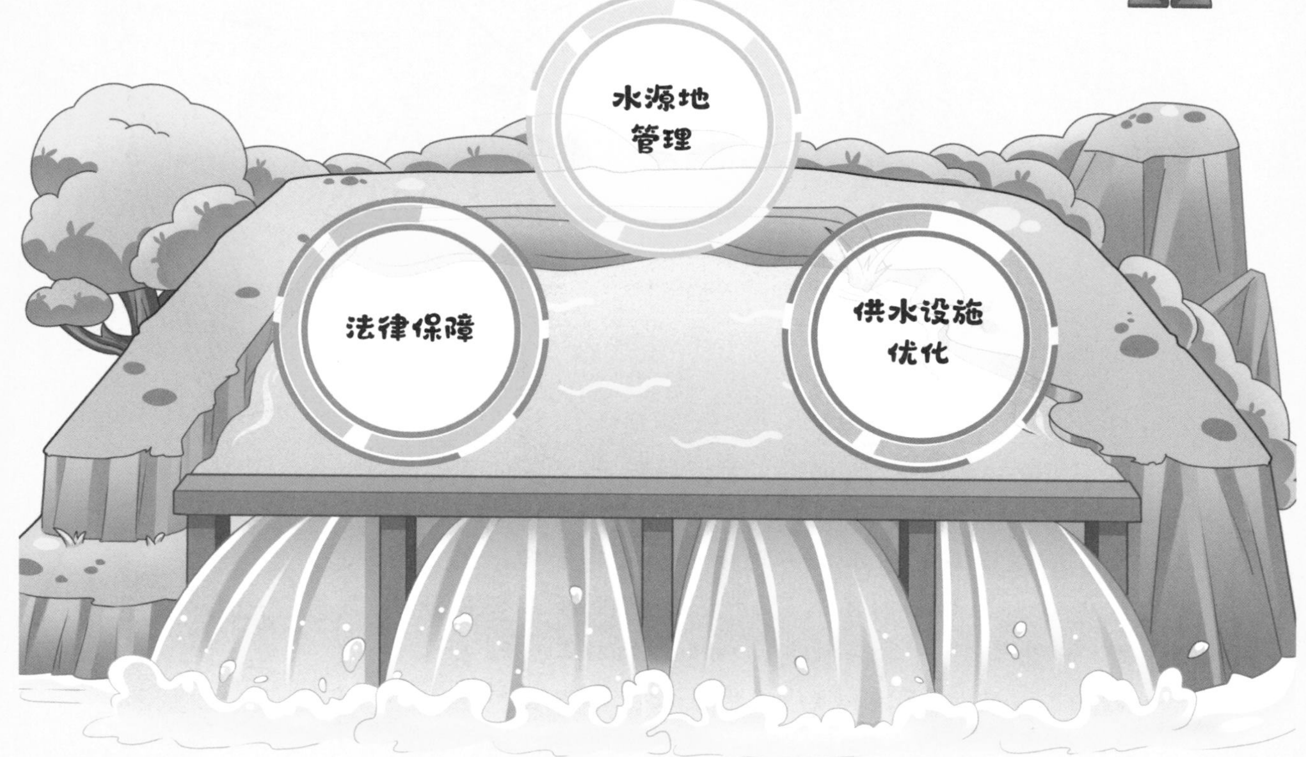

小龙老师，法律保障包括什么内容啊？

为了加强从源头到水龙头的供水全流程管控，我国制定了《中华人民共和国水污染防治法》《中华人民共和国水法》，也出台了一系列政策，例如，2022年，我国发布《“十四五”水安全保障规划》《生活饮用水卫生标准》GB 5749保障饮用水安全。

用户
蓄水池
加入混凝剂
反应沉淀池
配水泵
过滤池
投药消毒
活性炭吸附池
清水池
谢谢小龙老师的讲解，我知道了安全的饮用水并不是自来的。
最后让我们一起看看净水厂的全貌吧。

饮用水如何到我家？

小龙老师，生活中的饮用水，是如何被输送到我们家里呢？

首先，由水源地取水后，经过取水泵站（一泵站）将水输送到净水厂处理；然后，通过二泵站由输配水管网将水输送到千家万户。

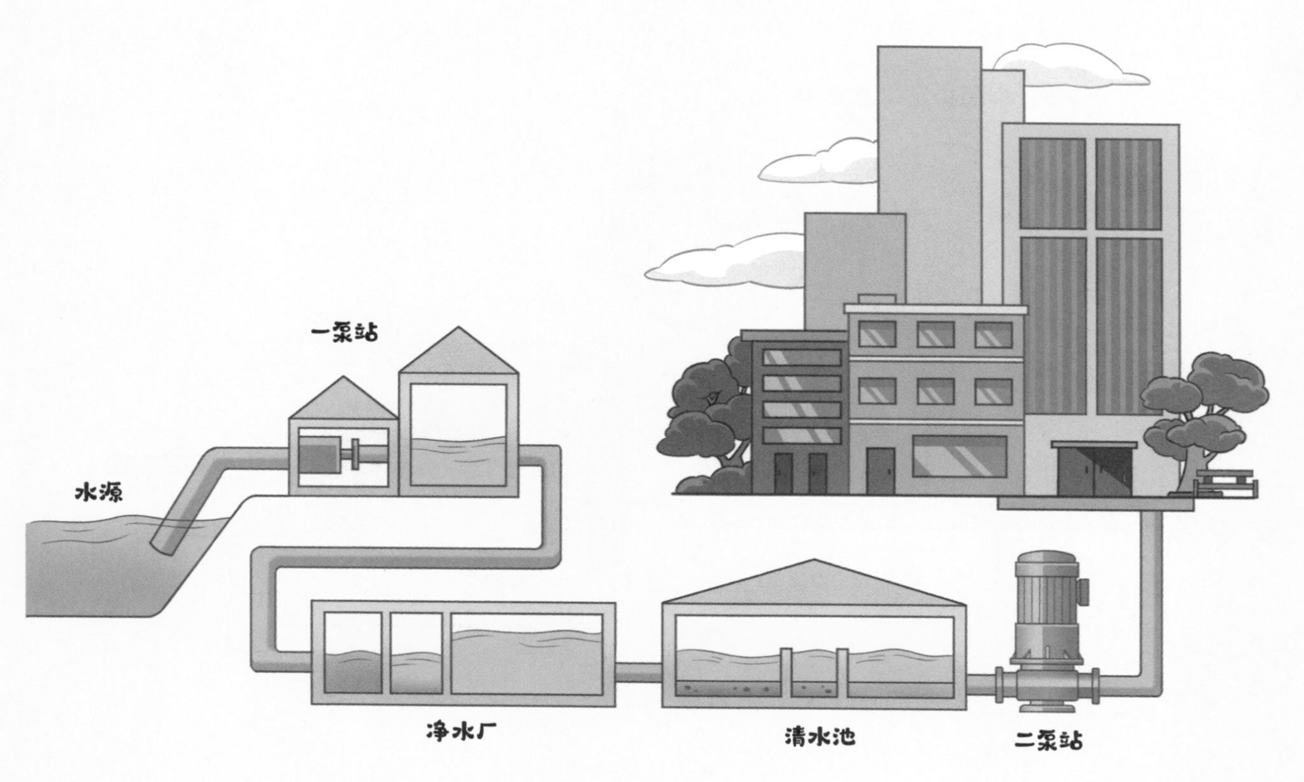

小龙老师，在我们找到合适水源后，该怎样把水输送到净水厂呢？

这需要取水泵站发挥作用啦！取水泵站将水从水源地（如河流、湖泊、水库等）抽取到净水厂进行净化处理。

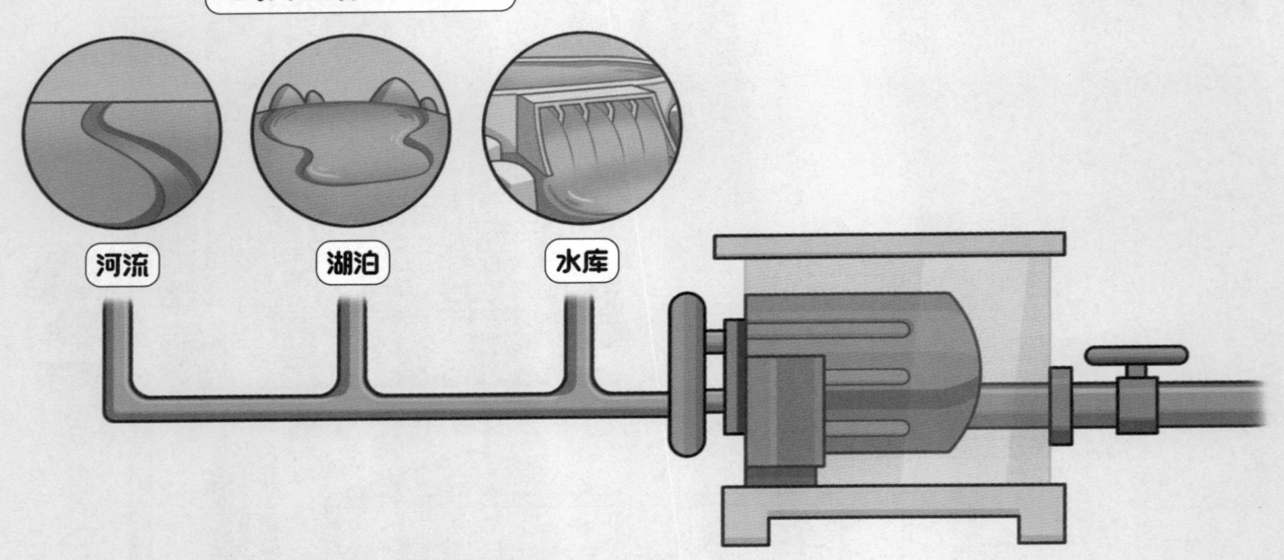

小龙老师，用户每天的用水量不同，自来水厂是如何保持供水稳定呢？

在自来水厂处理末端，清水池具有水量调节的作用，保障在用水需求变化的情况下，对水量进行稳定调节。

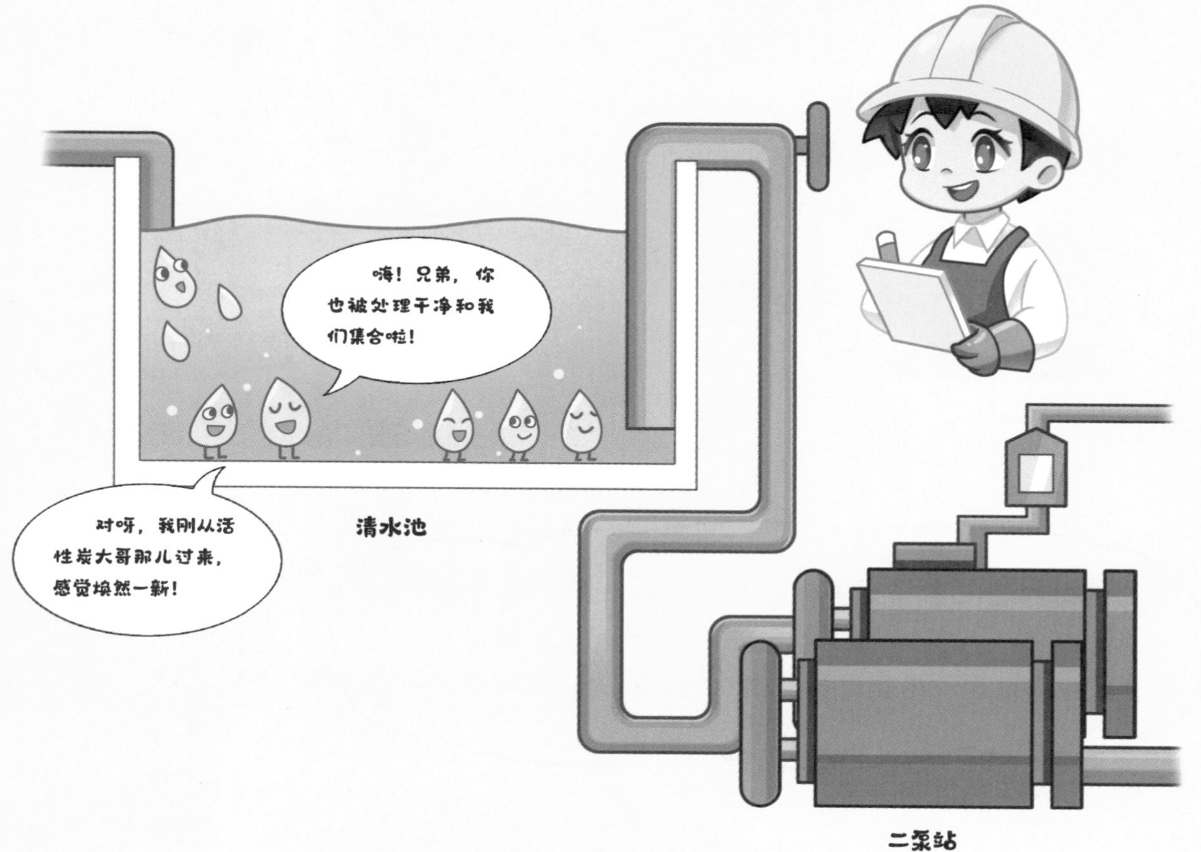

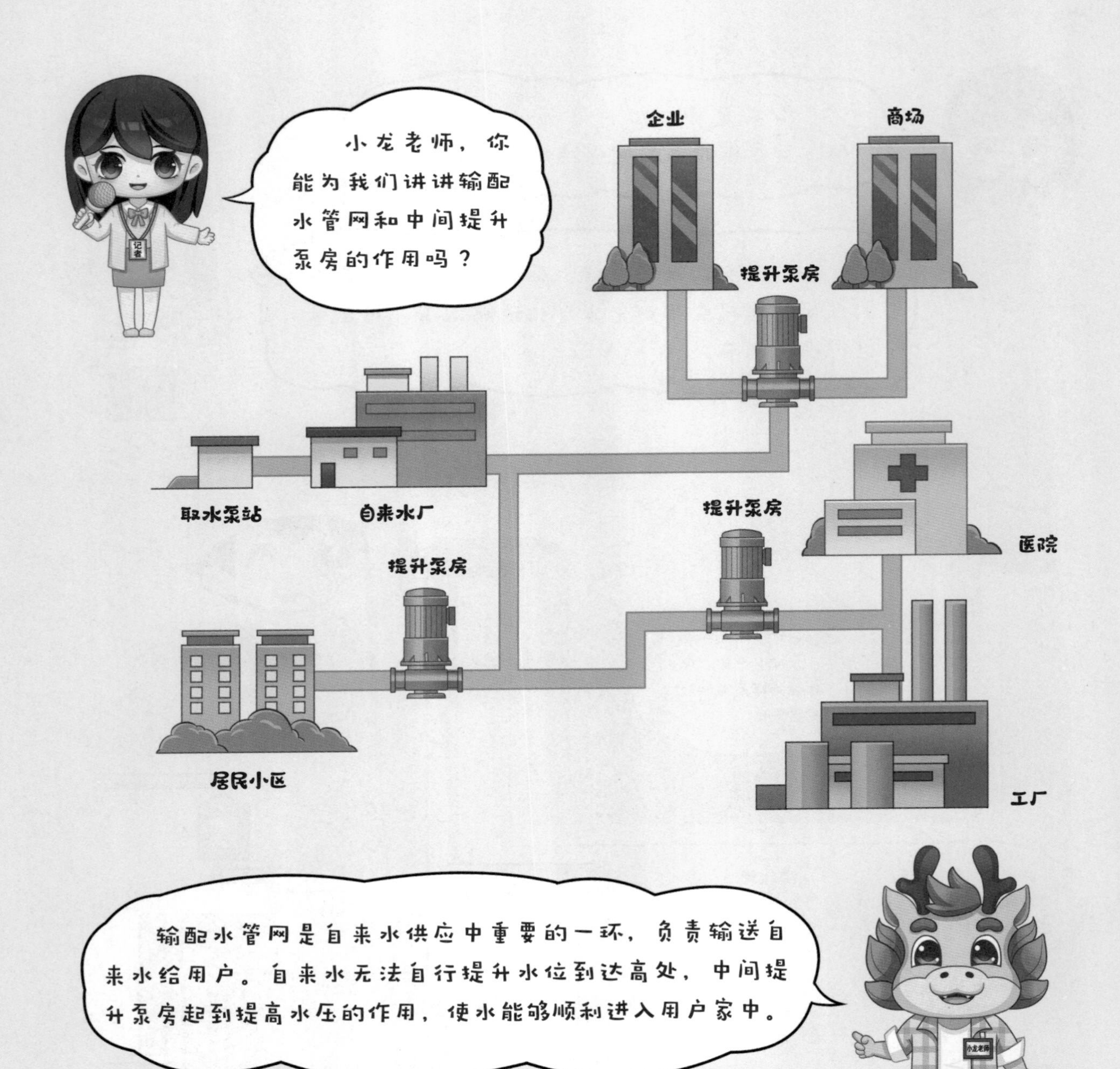

小龙老师，你能为我们讲讲输配水管网和中间提升泵房的作用吗？
企业
商场
提升泵房
取水泵站
自来水厂
提升泵房
提升泵房
医院
居民小区
工厂
输配水管网是自来水供应中重要的一环，负责输送自来水给用户。自来水无法自行提升水位到达高处，中间提升泵房起到提高水压的作用，使水能够顺利进入用户家中。

记者
哇，中高层用户是怎样获得饮用水的呢？

为使中高层用户也能获得饮用水，我们通过高层加压泵与水塔、水箱等设备，将自来水输送给用户，这样用户都能获得干净的饮用水了！
居民楼
高层
中层
低层
加压供水
加压泵
水箱
自来水厂
小龙老师

小龙老师，这些管道如此长，自来水从自来水厂出来，到我们家中的水龙头之间会有变化么？

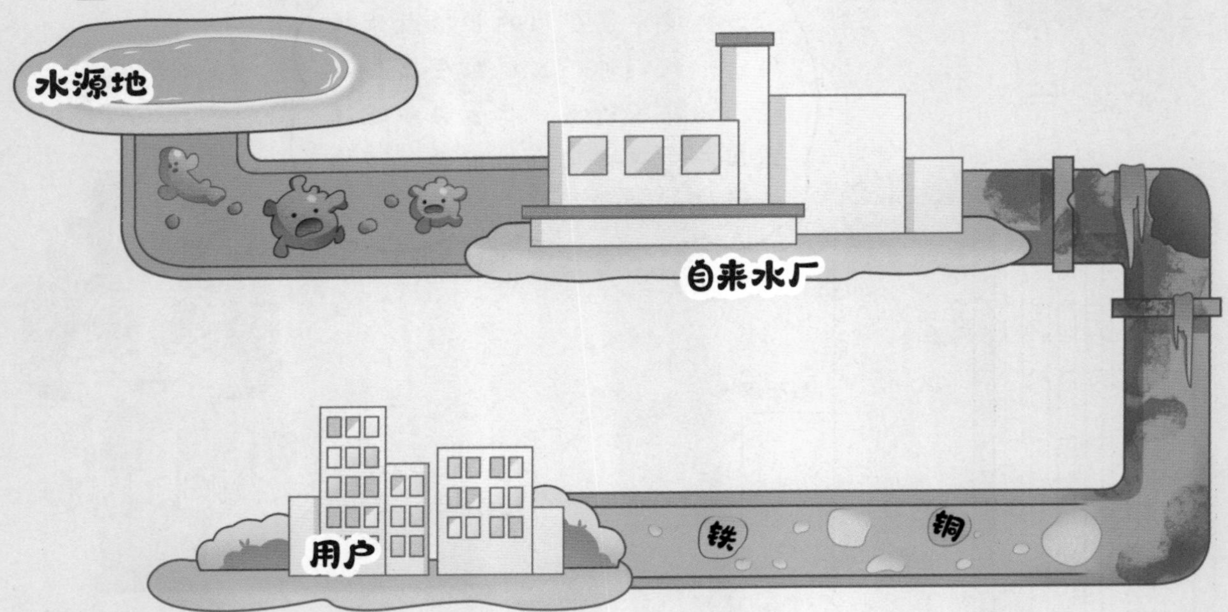

管道与自来水相互接触，在输送过程中水质会发生一些变化。比如老旧输水管道在输水过程中可能释放铁等化学物质，并滋生微生物等，改变自来水水质。

老旧输水管网、小区二次供水水箱如未及时清洁，内部会出现细菌繁殖，对自来水造成二次污染，导致水龙头出水水质下降。

咦，怎么有时候水龙头里的水是黄色的呀？

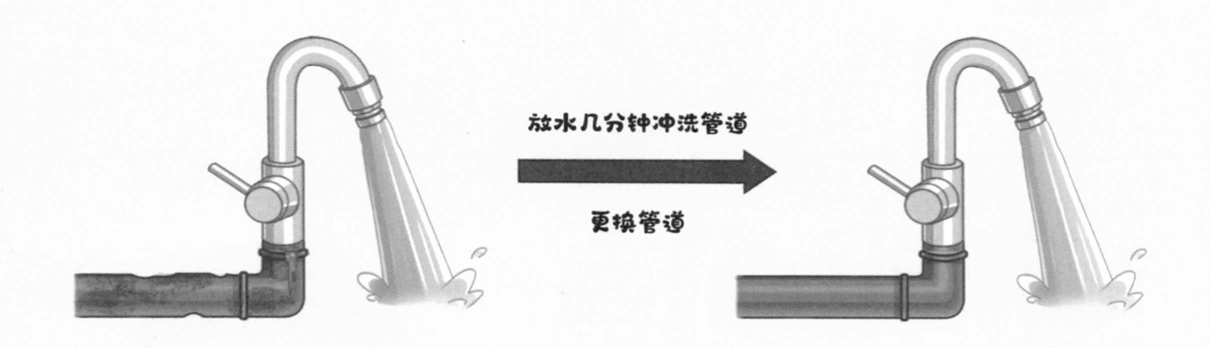

现行国家标准《生活饮用水卫生标准》GB 5749 对生活饮用水中的含铁量有规定，水中含铁量较高时，自来水管会流出“黄水”。但不必恐慌，我们可以冲洗输水管道，放水几分钟，水恢复清澈后即可正常使用，或者联系专业人员进行处理，及时更换腐蚀的管道！

有些家庭为了追求高品质用水，安装了家用净水器进一步净化自来水。

家用净水器前端是活性炭等吸附材料，后端是其关键设备，有超滤膜、反渗透膜等。通过净水器，自来水被层层净化，去除其中杂质。

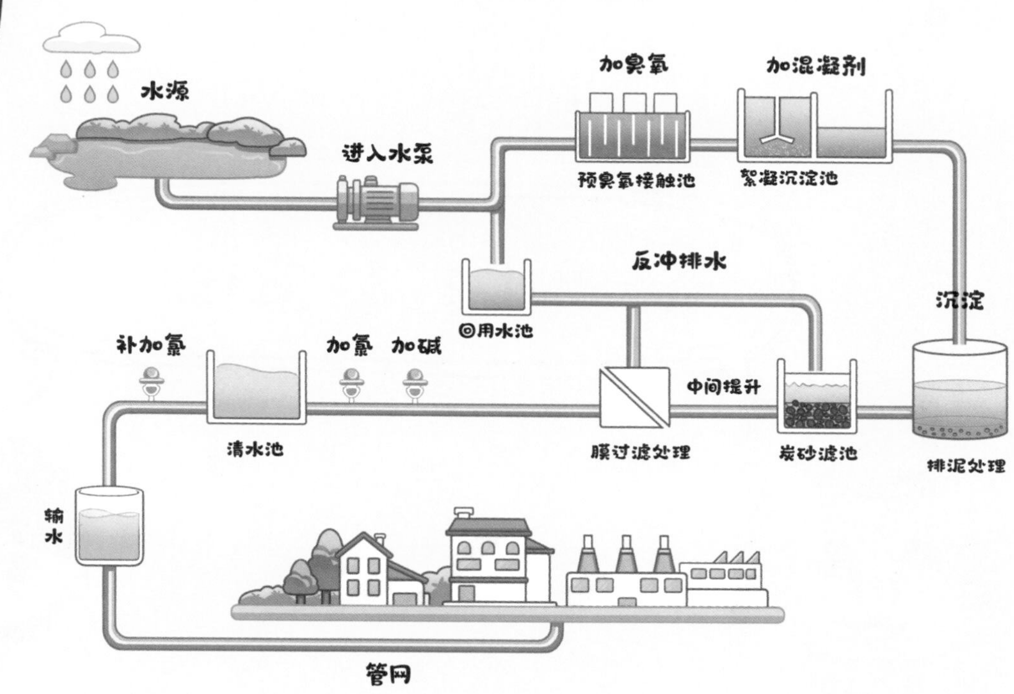

首先，要确保供水全流程的硬件和控制系统稳定；对水质进行多点监测，及时调整管理方法；合理规划水源的利用，升级处理设备等。然后，对供水设施进行安全管理并制定应急预案，确保在各种情况下都能正常运转。

让水循环起来吧！

截至2017年，全球就有超过20亿人喝不到干净水，水资源的日益短缺，可能会导致国家之间、民族之间为争夺水资源而发生冲突。

小龙老师，我听说大自然中的水会不断循环，为什么我们还如此缺水呢？

水虽然会经过蒸发、水汽输送、凝结降水、下渗和径流等环节不断循环，但是我们需要的不仅仅是水本身，更需要清洁、可使用的淡水资源。

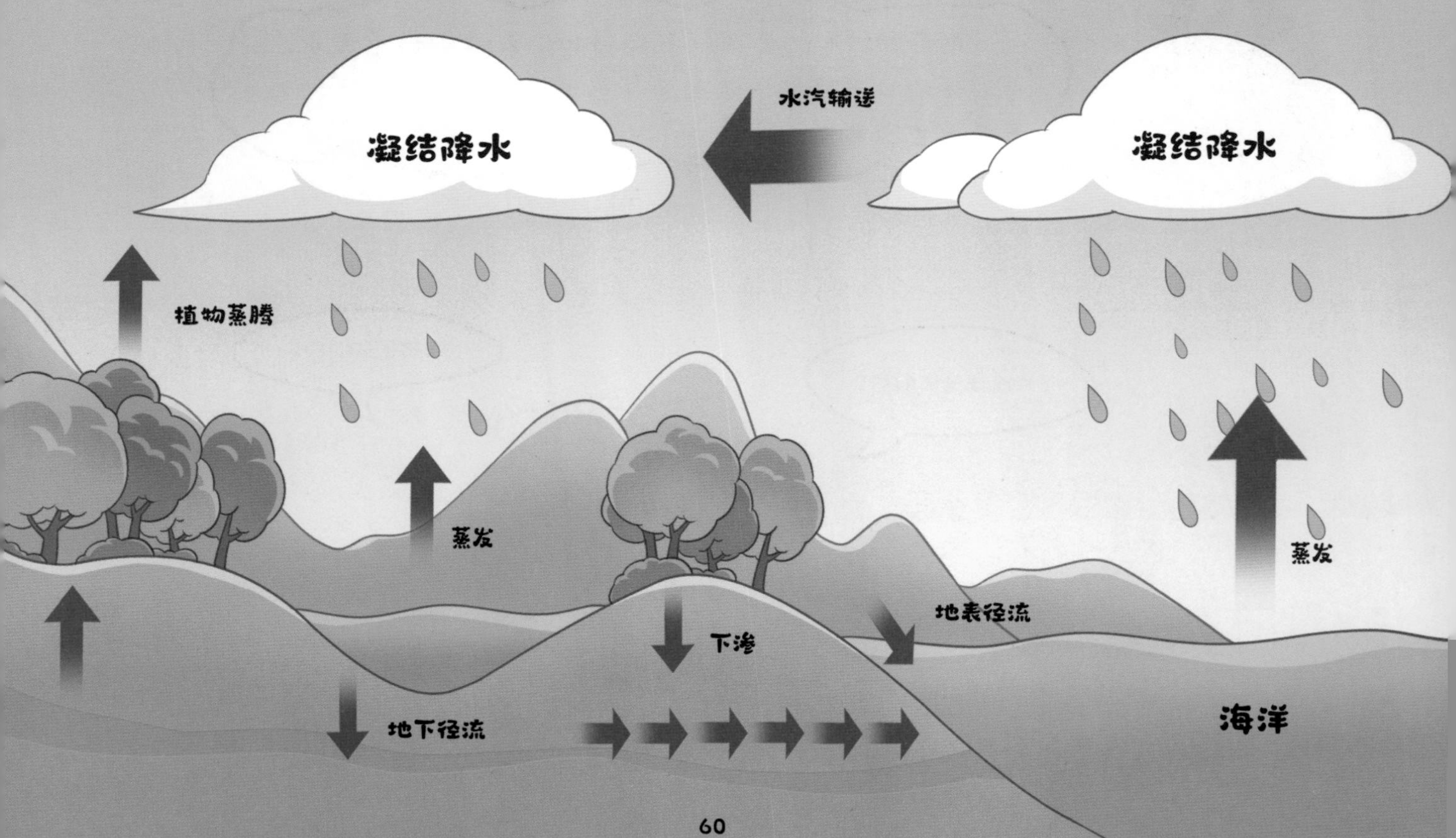

小龙老师，没有淡水资源该怎么办呢？

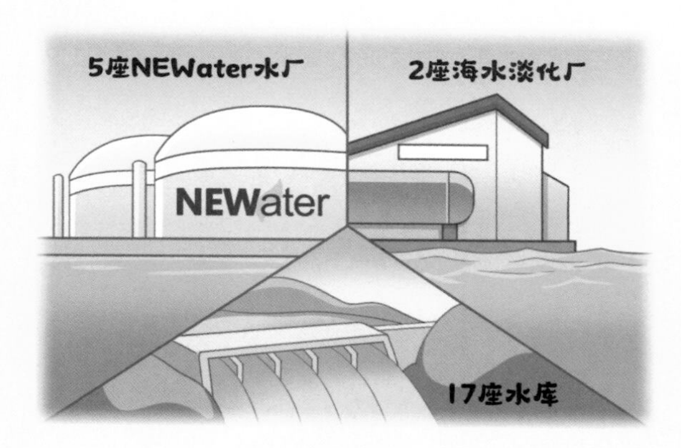

其实新加坡NEWater技术给了我们可参考的答案，他们将污水净化为新水源，同时利用雨水、淡化海水，创建了一个健康水循环系统，获得大量的淡水资源。

小龙老师，我们国家是否也有健康的水循环系统呢？

当然有！我国建设的海绵城市就是新型的城市水循环系统。

海绵城市就像海绵一样，利用绿地、道路和河流吸纳、蓄渗雨水，既能缓解城市内涝，还能积蓄大量水资源，净化后可作为非常规水源，实现城市健康水循环。

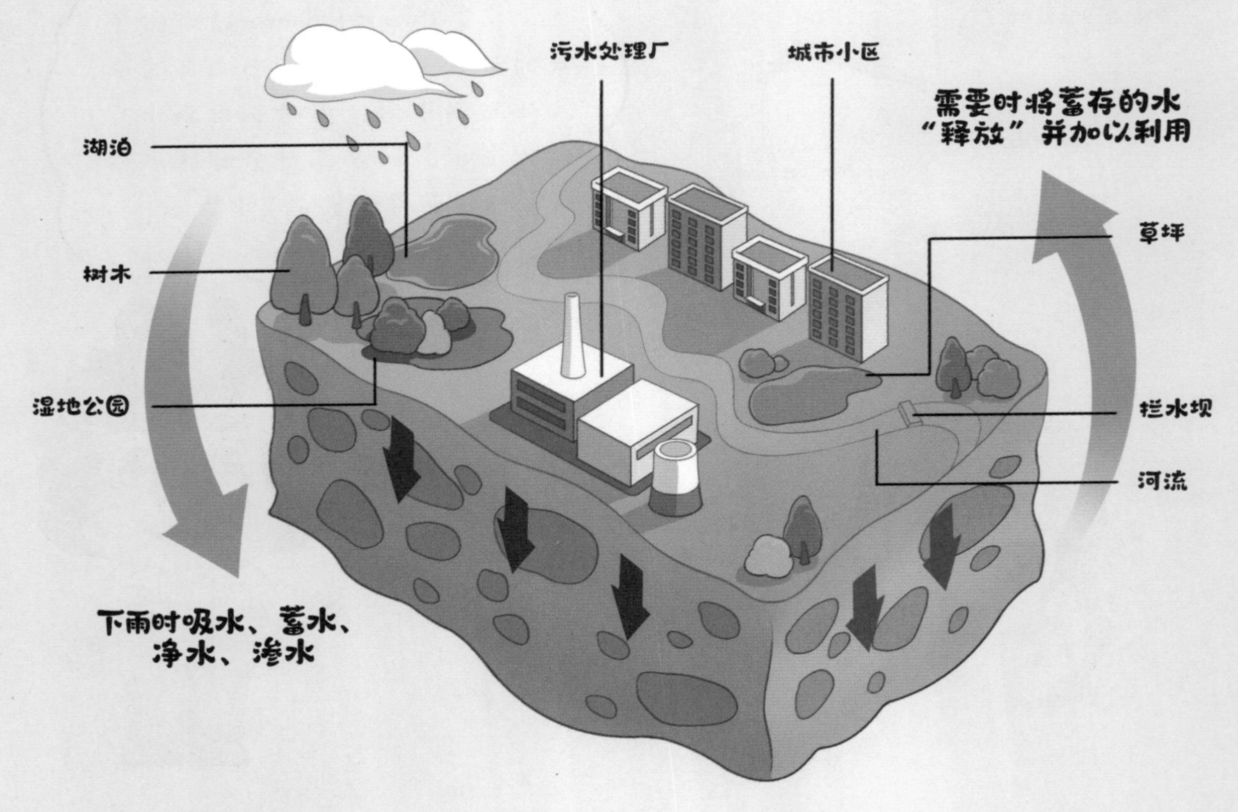

如果水的循环是健康的，是不是地球上有限的淡水资源可以不断循环，满足人类社会发展的需要呢？

没错，所以我们要秉持保护水资源的理念，从日常小事做起，促进水的健康循环，比如，保护饮用水资源，不向水中倾倒垃圾或污水，利用雨水、再生水等非常规水源等。

污水深度处理

再生水循环

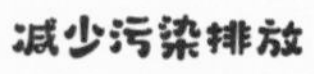

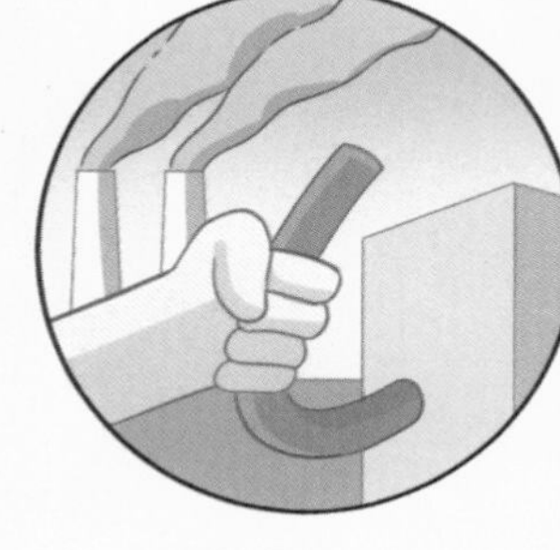

节制取水用水

一起行动吧，让水循环起来！
记者
小龙老师